Solar PV Vandbehandling:

Hvordan Solar Power UV Vand Sterilisering Systems for Drikkevand på Stedet

af Christopher Kinkaid

I0476330

 Solardyne.com

Published by Solardyne, LLC
Portland, Oregon

ISBN-13: 978-1500726119
ISBN-10: 1500726117

Indholdsfortegnelse

Forord

Sterilisering vand er en stor opgave. Sol elektriske (PV) powered UV vand sterilisatorer er en effektiv måde at sterilisere dit vand fra lokale forurenede kilder, selv brakvand, med sikkerhed, pålidelighed og ingen brændstof-omkostninger. Vand findes i naturen er fuld af patogener, som kan forårsage sygdom og sygdom. Ultra-violet (UV) sterilisatorer dræbe 99,99% af alle farlige patogener og gør dit vand af drikkevandskvalitet og sikkert at drikke.

Behovet for vandbehandling forekommer normalt langt væk fra en stikkontakt. Fjerntliggende steder og steder, samt lejligheder for naturkatastrofer eller menneskeskabte katastrofer, har ofte brug for vandbehandling onsite, men mangler udstyr og strømforsyning til magten vand sterilisere udstyr på stedet.

Solcelleanlæg drevet UV vand sterilisator systemer tilbyder komplette løsninger til remote-site vandbehandling og sterilisering. Denne Book fokuserer på UV vandbehandling fra 4 gallon per minut til 43.000 gallon per dag - alle soldrevne. Inkluderet er særlige Solar Power Supply eksempler, med inkluderet Styklister, at magten disse UV vand sterilisering systemer på din fjernbetjening og off-grid placering.

Bemærk: soldrevne UV-systemer, der er anført er for godt, eller overfladevand vandkilder, som er brakvand, og / eller forurenet. I tilfælde af saltvand vandkilder, så Afsaltning udstyr er påkrævet Før UV-behandling fase.

Om Bogen

Denne bog er skrevet som en trin-for-trin guide til at definere dit solar vandbehandling projektets "nøgletal," og vælge det rigtige udstyr til at få jobbet gjort. Hvis du har et specifikt soldrevet UV Vand sterilisering projekt i tankerne, så besøg Solar PV Powered System Eksempler liste placeret på Quick Guide i kapitel otte.

Bemærk: soldrevne UV-systemer, der er anført er for godt, eller overfladevand vandkilder, som er brakvand, og / eller forurenet. I tilfælde af saltvand vandkilder, så Afsaltning udstyr er påkrævet Før UV-behandling fase.

Den **Quick Guide** indeholder klikbare links, som tager dig til en bestemt UV Vand sterilisering System samlede daglige vandproduktion og Solar PV strømforsyning nødvendig for driften. UV Vand systemer fastsættes af flowhastigheder og leverede gallon per dag. Solar eksempler PV strømforsyning er defineret i gallon per dag af drikkevand leveret. Hvis du sourcing dit vand fra en Salt Water kilde, så vil du brug for et system omvendt osmose (RO), før UV vand sterilisator Se kapitel 8. Kapitel 4-7 aftale med "friske" vand kilder som søer, åer, søer og vandløb (brakvand eller forurenede), kapitel 8, med fokus på Salt vandkilder.

De UV-behandling, der er opført i eksemplerne er baseret på forskellige strømningshastigheder. Der er fire UV sterilizer systemer, herunder 4, 8, 12, 30 gallon per minut. Hvert system vil have flere Solar Power Systems defineres som magt UV system for 4, 8, 12 og 24 timer om dagen, hhv. Vælg din Solar powered UV vandbehandling system baseret på din ønskede Flow rate, og hvor mange gallon pr dag er du nødt til at sterilisere bedst matcher din vandbehandling projekt. De medfølgende eksempler spænder fra 240 GPD til 43, 200 gallon per dag - uden kemikalier eller brændstof- omkostninger.

I **kapitel 2** beskriver trin-for-trin proces for at definere din UV Vandbehandling system til dit eget system design, eller at tale med en ekstern leverandør. Brug denne proces til at bestemme "nøgletal" i dit system, og størrelse dit UV System og Solar PV strømforsyning nemt.

Kapitel 3 diskuterer brugen af Solar Power Supplies, og hvordan de anførte eksempler er konfigureret i denne Book.

Kapitel 4 til 7 beskriver UV Vandbehandling Systems og den tilsvarende solcelleanlæg strømforsyning til at levere en bestemt mængde af drikkevand, klar og sikkert at drikke. System eksempler omfatter solcelleanlæg Strømforsyning styklister beskriver de specifikke solcelleanlæg paneler og elektriske komponenter, du vil bruge til at betjene din UV Sterilizer for højeste produktivitet.

Kapitel 8 diskuterer UV Vandbehandling Systemer til Saltvand Kilder, med solenergi forsyninger. Solar PV systemer fastsættes af den samlede kraft og energi, de kan levere til din last. I alle tilfælde solcelleanlæg paneler vil opkræve et batteri bank til at levere strøm og energi til UV sterilisator helst dag eller nat.

Denne bog "Solar Powered UV Vandbehandling" blev skrevet for at være en ressource for planlægning og gennemførelse af en Solar elektriske (PV) powered UV Vand Sterilisering systemet til at levere drikkevand, ren og sikker vand på afsides steder. Ideel til fjerntliggende hytter, hjem, off-grid levende, bolig, erhverv, katastrofehjælp, eller ethvert sted, hvor der er ingen eller begrænset, lokal elektricitet, og behovet for rent vand er akut.

Solenergi paneler er en glimrende strømforsyning valg og aktivere vandbehandling systemer til at fungere, hvor ingen elektricitet er til stede, eller at give back-up bør en lokal gitter gå ned på grund af katastrofen.

Author

Christopher Kinkaid

Christopher (Toby) Kinkaid, oprindeligt fra Portland, Oregon er grundlægger af **Solardyne.com**, **SolarQuote.com** og **AlgaeToday.com**, og har arbejdet i ren energiteknologi i mere end tre årtier. Kinkaid, er opfinderen af "**Helyx**" Vertical Axis Wind Generator er "**Mariposa**" Non-imaging sol koncentrator PV-modul (kontinuerlig drift ved Sandia National Laboratory siden 1994), Solar Demultiplexer optisk sol koncentrere linse (Dr. James / Sandia National Laboratory 1991), og opfinderen af den oprindelige "Solar Power Pack" (Moder Jord News, "Littlest Utility" juni / juli, 2001).

Kinkaid, har været en officiel foredragsholder og studievært på ren energiteknologi hele verden, herunder "APEC" Bangkok, Thailand, 2003, "Energi Solutions World" Tokyo, Japan, 2003, Den internationale Biomass Conference (IBC), 2010,

Minneapolis , MN, og algebiomassen Organization (ABO) Konference 2010, Phoenix, AZ.

Christopher (Toby) Kinkaid, har optrådt i interviews om KOIN TV, KGW tv og "Bæredygtig dag" produceret i Oregon, og har siddet i bestyrelsen for National Hydrogen Association, i Washington DC, 1993 Japan Satellite Communications Company (JCNET), Fukuoka, Japan, 1994-95 og Algaedyne Corporation, Preston, MN, 2010-2013.

Kinkaid, der i øjeblikket fungerer som administrerende direktør for Solardyne, LLC i Portland, Oregon, hvor han fortsætter sit arbejde i sol, vind og biomasse teknologi, applikationer, forskning og udvikling.

Indledning

Behovet for rengøring vand er afgørende for liv. Uden rent vand at drikke, er der ingen civilisation. Naturligt sollys indeholder Ultra Violet (UV) stråler, der er i stand til at ødelægge farlige patogener findes i vand ved at forstyrre deres celle-DNA. I dag er moderne teknologi tager en cue fra naturen og bruger højeffektive UV-pærer til at bestråle forurenet vand dræbe 99,99% af alle farlige patogener.

Bestråle dit vand med stærke UV niveauer ødelægger disse farlige organismer, så du kan købe dit vand fra den lokale Wells, eller lavvandede kilder som åer, damme, floder og vandløb som en kilde til drikkevand.

I dag kan moderne sol elektriske paneler (PV) magten UV vand sterilisatorer gøre ren energi til rådighed på din fjernbetjening site, som er nemme at installere, omkostningseffektive, og tilbyder fremragende ydeevne og pålidelighed, hvor det tæller: dag-til-dag i drift. Solar PV paneler er solid-state, har ingen bevægelige dele, der er hermetisk forseglet fra omgivelserne, normeret til ekstreme steder, og ofte bærer 25 år garanti gør for en pålidelig strømforsyning.

Med korrekt design og hardware valg, (det punkt i denne e-bog), soldrevne UV vandbehandling systemer er overraskende produktiv rensning af vand fra fire gallon per minut, til titusinder af liter per dag. Solar PV elsystem vil opkræve en kommerciel batteri bank, til at give energi til UV vand sterilisator on demand 24/7.

Denne Book indeholder sol eksempler PV strømforsyning baseret på den mængde vand, du har brug for at sterilisere. Betjen UV-lamperne i fire timer hver dag, eller i fireogtyve timer for kontinuerlig brug.

Denne Book er beregnet som en trin-for-trin guide til først definere din UV Vand sterilisering system, så svarer dette projekt til en af Solar Power Supply eksempler. Hvis du har brug for mere vand behandlet end prøven, der er anført, kan du bruge Kapitel to til at definere dit projekt, så din UV Water Sterilizer leverandør hurtigt kan identificere det rigtige system til dit specifikke projekt.

Vandbehandling og sterilisering er afgørende

Vand er nødvendig, hvor mennesker arbejder, og rent drikkevand kan "produceret" onsite fra selv brakvand vandkilder. Sol elektriske (PV) paneler er den mest effektive måde til magten UV vand sterilisatorer med høj ydeevne, pålidelighed og ingen brændstof-omkostninger på afsides steder.

Naturkatastrofer, menneskeskabte katastrofer og fjerntliggende områder har brug for vandbehandling, hvor mennesker er baseret på. Solar Electric (PV) paneler, til historisk lave priser, lavere omkostninger og kan være din vand UV Sterilizer strømforsyning løsning.

UV vand sterilisatorer bruger høj intensitet Ultra-Violet (UV) lys til at dræbe de farlige patogener, der lever i naturlige vandforsyning. Rent vand kan produceres fra Ferskvand, og Salt vandkilder. Denne Book er designet som en solenergi guide til dimensionering og opbygning af din stand-alone, off-grid UV vandbehandling system med uafhængige solenergi strømforsyning.

Rent vand er et vitalt behov. Solar PV paneler er velegnede til at levere strøm til UV vand sterilisering systemer til fjerntliggende steder. Denne bog er skrevet til at være en ressource i denne indsats.

Chapter One - UV Vand Sterilisatorer Hvordan de Virker

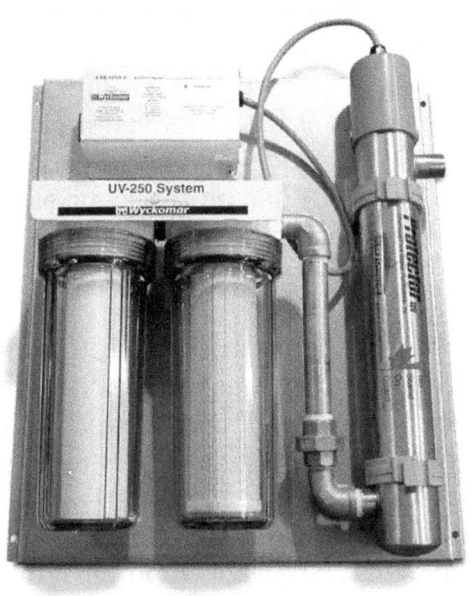

Ultraviolet lys (UV) har længe været kendt som en ideel metode til fremstilling af drikkevand fra forurenet kilder. For mange år siden opdagede forskere særlige bølgelængder af UV-lys kan dræbe sygdomsfremkaldende patogener i vores drikkevand ved at angribe cellens DNA gør mikroorganismen inaktivt.

Naturligvis eller kunstigt fremstillet, 254 nm UV-stråling leveret korrekt, er meget effektiv til at sterilisere vand af farlige patogener.

UV-lys af tilstrækkelig dosis, som en sterilisator vil effektivt ødelægge alle almindelige bakterier, vira og sporer, som regelmæssigt findes i drikkevand, herunder Coliforme, E. coli, Cryptosporidium, hepatitis, influenza, M. tuberculosis, Giardia, V. cholera, Legionella, Salmonella, B. anthracis, for at nævne et par stykker. UV-lys som en sterilisator, med ordentlig filtrering dræber (99,99%) af de patogener i vandet, uden brug af kemikalier, rendering brakvand rent, drikkevand, og behagelig at drikke.

I en naturlig eller menneskeskabte katastrofer elnettet er den første til at gå. Vand og affaldsbehandling, hvis den fandtes på stedet, er ofte dødeligt kompromitteret i katastrofer forlader enten ingen infrastruktur, eller ingen strømforsyning til rådighed til at køre den. Off-grid, eller stand-alone solcelleanlæg power systemer kan levere strøm til en individuel vandbehandlingsanlæg, og har en langt større chance for at blive operationel i en katastrofe ikke er forbundet til nettet.

UV-teknologi efterligner naturen til at dræbe sygdomsfremkaldende patogener i vand. Fungerende ligesom UV-stråler i sollys, UV-stråler i UV-systemer angribe DNA fra patogener, dræbe celler og gøre dit vand sikkert at drikke.

UV vandbehandlingsanlæg os elektrisk strøm til at give energi til en høj effekt UV-lampe. Denne UV-lampe er omgivet af et gennemsigtigt vandrør, der skubber vandet op og omkring røret ved alle vinkler under UV-bestråling for en given strømningshastighed.

Den energi, der kræves af UV sterilizer systemet i sig selv er meget begrænset, da UV-lampe ballaster er meget effektive. De lave strømkrav UV vand sterilisatorer gør dem velegnede til at være soldrevne onsite.

Soldrevne UV vandbehandling systemer er godt matchede til praktisk brug i fjerntliggende steder, og da denne bog håber at vise, på stor fordel for installatøren / operatøren.

Hvorfor Sterilisér Vand med UV behandling?

Der er mange måder at sterilisator vand. De farlige patogener i vand kan blive ødelagt ved hjælp af ozon, hydrogenperoxid, klor, og selv hydroxylradikaler (OH negativ) og, hvis den er udformet godt, er effektive. Imidlertid har ingen af disse tilgange nået modenhed til at være så omkostningseffektiv i fjerntliggende steder, og soldrevne, som UV-sterilisering er blevet, i forfatterens oplevelse.

Ultra-Violet (UV) vandbehandling og sterilisering anvender en strategi i Første filtrere alle partikler med sediment filter eller filtre. Dernæst UV-system filtrerer de resterende partikler (ned til 5 micron) med en Carbon Block-filter. Når partiklerne er fjernet, den sidste fase begynder med højdosis UV-bestråling. Spiral op og omkring UV Lamp en fin strøm af vand bestråles fra alle vinkler ødelægger mikroorganismer til 99,99% fjernelse. UV vandbehandling systemer er egenkontrol, og give advarselsalarmer hvis UV-lampen falder under standard for enhver årsag.

Fordele for UV-behandling for vand Sterilisation:

Der anvendes ingen kemikalier i UV sterilisering producerer ingen miljømæssige konsekvenser, ingen rester, og ingen over-dosering er muligt, som med kemiske behandlinger. UV-teknologi, uden brug af kemikalier, producerer ingen kemikalierester biprodukter andre kemiske metoder kan indføre, såsom kombinationen af klor og Organics producerer trihalomethaner. Alle disse problemer undgås med UV-sterilisering.

UV vand sterilisatorer er bedst brugt i "brugsstedet" applikationer. Installeret på "Point of Forbrug," det sidste trin i vandet behandlingsprocessen, UV sterilisatorer tilbyder real-tid, og omgående levering af drikkevand. Denne "Øjeblikkelig behandling" kapacitet forsikrer vandet, du leverer, er af drikkevandskvalitet og op til standard klar til at blive brugt af mennesker.

UV vand sterilisatorer, ved hjælp af 5 Micron Carbon Block filtre, har ingen ændring i smag, lugt, pH, eller vand ledningsevne. Vigtige mineraler og sporstoffer forbliver opløst i vandet producerer sunde, smag-fri, drikkevand on-demand.

UV vand sterilisator systemer er egenkontrol, og tilbyder automatisk drift. Nem at installere som en fabrik formonteret og testet monterbar system, UV-systemer, der er anført i nedenstående eksempler er nemme at arbejde med i marken.

Udskiftning af filter patroner, og UV-lamper, når det kræves, er ligetil og let at gøre i et par minutter. UV-lampen monitor lyder alarmen, hvis du har nogen UV-lampe problemer, så disse veldesignede vand sterilisatorer tilbyder pålidelighed i arbejdsvilkår.

UV vand sterilisator systemer er økonomisk i drift. Du kan forvente at sterilisator Hundredvis af gallon pr penny af driftsomkostningerne. Kombineret med en sol strømforsyning, kan din UV vandbehandling systemet bygget helt fri fra brændstofomkostninger. Hvis dit websted eller placering er meget remote, ikke transportere, eller købe brændstof kan være en stor fordel.

Kapitel Two - Definition Step-by-Step den bedste UV Vandbehandling System for dit job

Dimensionering din UV vandbehandling system er alt om leveret gallons per dag.

Læsning denne bog antyder du har en vandbehandling projekt i tankerne. Er din kilde til vand fra en brønd, lavvandet kilde eller kommunal hanen?

De følgende trin vil definere din Vand sterilisering behov som grundlag for at vælge den bedste hardware til jobbet.

Trin et: Hvad er kilden til dit vand?

Det første spørgsmål bliver til "Er din kilde til vand Fersk eller Salty?" Frisk, selvom brakvand kan være brønde, vandpytter, åer, vandløb, damme, søer eller små floder. Salty vandkilder ville være fra havet eller nær-ocean sites. Hvis du har brug for at behandle Salty vand du har brug for et system, omvendt osmose (RO), behøver sin egen sol strømforsyning, at forbehandle vandet, før UV sterilisator.

RO vandbehandling systemer fjerne salte fra vandstrømmen, men de gør ikke guaranty vandet er sikkert at drikke. For at fjerne bakterier og virus, og andre patogener du skal bruge en UV vand sterilisator system. For Salty vandkilder besøg kapitel 8, som du bliver nødt til at inkludere et RO-system i dit projekt.

Trin to: Hvad er vandtrykket af dit vand Source?

Din kilde til vand vil enten have sin egen pres, såsom med den kommunale hanen, eller forhøjet vandtank, eller plejer. Hvis dit vand kilde er uden tryk, du bliver nødt til at give tryk. UV Vand Sterilisatorer kræver et indtag vandtryk til at arbejde, og har et maksimalt driftstryk på 125 PSI.

Fælles vand pres fra din kommune varierer, men normalt satser på 30 psi. Hvis din kilde til vand er det kommunale hanen så pres vil komme fra det pres fodret linje og du er fine til at tilslutte direkte til UV Water Sterilizer system.

Mange fjerntliggende steder bruger en tank eller cisterne, placeret oven på kabinen, eller huset for at give vandtryk. Denne "Gravity" fodret system giver pres for vandlinjen en i UV vand sterilisator. Hvis du bygger din tank, skal du sørge for at placere din tank eller cisterne mindst 70 fod over huset, højde, for at give et tilfredsstillende tryk. Denne højde (70 fod), vil give den nominelle 30 PSI pres du skal bruge, og nyde.

Hvis din kilde til vand fra en brønd, kan du pumpe din vand og opbevare vand i en tank, som beskrevet ovenfor, eller du kan tilslutte en separat Solar Water Pump, at pumpe vand fra din godt direkte til din UV vandbehandling system.

UV vandbehandling system vil have en In-line filter på indtaget til at begynde at filtrere større partikler opløst i dit vand såsom snavs, rust og andre skala, med din anden etape Kulfilter tage ud de mindre partikler og kemikalier ned til 5 mikron. For mere information om Solar Power Supplies for Well pumper, henvises til min e-bog "Solar PV vand pumpe."

Hvis din kilde til vand er meget lavvandet, såsom en dam, sø, bæk, strøm, tank eller cisterne, skal du nødt til at give et middel til vandtryk. En løsning er at tilslutte en Surface pumpe direkte til UV vand sterilisator system.

Tilslutning af en Surface pumpe direkte til din UV sterilisator giver dig mulighed for at købe vand til dit system fra absolut forurenede og brakvand kilder. Ideel til den virkelige verden betingelser. Surface pumper har også en Inline filter placeret før pumpen for at fjerne urenheder.

UV Sterilizer vil også have en Inline filter sæt til maksimal filtrering. For mere information om Solar Power Supply specifikationer for Surface Pumper henvises til min e-bog "Solar PV vandpumpe."

Trin tre: Hvad er vandkvaliteten i min kilde Water

Kilden vand du bruger som råvare er en vigtig overvejelse, når du vælger det rigtige udstyr. Hvis dit vand kilde er en dyb brønd, så er du i den bedste situation som dyb brønd vand er normalt meget ren, og kan ikke kræve yderligere filtrering.

Men hvis din vandkilde er fra en brønd, kan du enten gemme dit vand i en forhøjet tank, eller du kan tilslutte din Dykkede godt pumpe direkte til UV Sterilizer. Se "Solar PV vandpumpning" for mere information om dykpumper.

Hvis din kilde til vand er fra en Shallow overflade kilde, såsom en vandpyt, dam, streame, creek, flod, eller nogen form for overfladevand, så vil du sikkert have partikler og anden forurening til stede. For overfladevand kilder, du har brug for en Surface pumpe til at levere tryk på UV vandbehandling system. Se "Solar PV vandpumpning" for mere information om Surface pumper. I alle tilfælde skal filtreres Surface indkøbt vand.

UV Sterilizer der vises her i eksemplerne vil have to-stadier af filtrering. Den første fase er sedimentet fase. In-line filtre er i form af patroner og er normeret til partikler ned til 5 mikron. Det sediment filter tager ud de større partikler i vandet såsom snavs, rust og andre partikler suspenderet i vandet.

Den anden fase filter er et Carbon Block filter og fjerner klor, lugte og smag og andre partikler, der kommer gennem Stage-man også fjerner partikler ned til 5 mikron.

Hvis du står over for en særlig udfordring vandkvalitet derefter tilføje yderligere filtre inline. Et andet sæt af patron 10" eller 30" Stage One Filtre, og sceneudstyr to filtre vil kan få dit vand ned til ideelle standarder.

Uklarhed - (opslæmmede stoffer)

Uklarheden af din kilde vand er vigtigt. Suspenderede partikler i vand kan omfatte, eller blokere UV-lys i at nå hver mikroorganisme i vandet. Stage-One Sediment filter (5 Micron) vil fjerne snavs, rust, og større partikler. Stage-Two Carbon Block filter (5 Micron) vil feje op enhver klor og andre små bidder rendering dit vand klar til den afsluttende UV-bestråling fase.

Prøve dit vand og teste for uklarhed. Du bliver nødt til at holde din turbiditet mindre end 1,0 NTU Inline filtre, der er nævnt ovenfor, bør fungere i de fleste betingelser for at opnå dette mindre end 1,0 NTU rating. Hvis dit websted vandet har massive uklarhed, derefter bruge et ekstra filter patron sæt In-line som en forbehandling.

TDS - (total opløst tørstof)

Din TDS bedømmelse bør ikke overstige 500 ppm. Samlet hårdhed (calcium og magnesium), skal være mindre end 10 gpg (Korn per gallon) af hårdhed. Hvis din prøve overskrider denne værdi, så et blødgøringssystem enhed kan tilføjes Inline før filtrene.

Garvesyre og farve skal mindre end 2 ppm i din prøve, eller du skal bruge en forbehandling afkalker.

Jern - skal være mindre end 0,33 ppm

Mangan - skal være mindre end 0,05 ppm

Hvis din prøve overskrider nogle af disse standarder, er du nødt til at tilføje filtre, eller en afkalker til at fungere som en Pre-Treatment og præ-ren din indkommende vand. Den indbyggede filtre (Stage One sediment og fase to Carbon Block filter)

inkluderet i din UV-behandling system vil yderligere
filter, så bestråle vandet med højdosis UV, hvilket
gør vandet rent, behagelige og drikkeligt.

**Trin fire:? Hvor meget vand har jeg brug for hver
dag i gallons per dag**

Størrelsen på din Solar Strømforsyning er direkte
relateret til, hvor meget vand du har brug for at
sterilisere hver dag. Jo mere vand du har brug for,
vil større dit solcelleanlæg elsystemet skal bygges.

Residential krav varierer efter brug og livsstil. Små
hytter, hytter og huse op til 3 personer normalt har
brug for mindst 240 gallon per dag for at drikke,
madlavning, brusebad osv. Dette kommer til 80
gallons per person per dag for alle anvendelser,
herunder brusere, madlavning og generelle forbrug,
dog bør du analysere dine faktiske behov for vand
og komme op med en gallon per dag figur.

**Trin Fem: Hvor meget Solar Energy har jeg brug
for til at forsyne den UV System?**

Den samlede mængde vand hver dag, du sterilisere,
er det centrale spørgsmål i form af dimensionering
din Solar strømforsyning. Prøven, der er anført
nedenfor er allerede blevet beregnet, men hvis du
ønsker at størrelsen på din egne systemer følgende
oplysninger er nyttige.

UV Vand Sterilisatorer er normalt bedømt i gallon per minut (GPM). Da der er 60 minutter per time hver time af vand, der pumpes, vil være 60 gange GPM. Hvis GPM er 10 gallon per minut, så en time ville levere 600 gallons. Sol elektriske paneler dog levere energi i løbet af dagen, og vi vurderer, hvor mange "Peak" timer svarende enhver given placering modtager fra Solen til at beregne, hvor meget energi en given solcelleanlæg panel vil producere.

Solen er en kraftfuld energikilde. Med hensyn til spidsbelastning i solenergi, solen normeret til standardtest betingelser (STC).

STC tilstand definerer den maksimale effekttæthed af solenergi på Jordens overflade på 1.000 watt per kvadratmeter (omkring 10,5 kvadratmeter). Bemærk: STC også definerer mængden af luft-masse solen stien tager (1,5 AMO), standard temperatur på 25 grader C (77 grader F), til vindhastighed på 2 m / s. yderligere at definere en standard betingelse for test.

At afgøre, hvor meget solenergi, du har på din placering se op Sun Peak-timer for din placering på en Solar kort. I vores eksempler her vi bruger et sted i Kansas, med 5,5 Solar peak-timer. Kig op dine placeringer sol peak-time bedømmelse.

Rå solenergi producerer, på topform i løbet af en klar himmel 1 Kilowatt (1.000) watt optisk effekt til rådighed for konvertering. Sol elektriske moduler

(Photovoltaic PV paneler) konvertere dette optiske energi til jævnstrøm (DC) med god effektivitet leverer omkring 140 watt af elektricitet per kvadratmeter.

Solar PV paneler er "hårdt fortrådet" for at producere en ønsket spænding. Hver sol "Cell" producerer omkring 1/2 Volt DC på egen hånd. Utroligt, selv under overskyet vejr solceller producere gode spændinger.

Mængden af solenergi slående PV-panelet vil drive mængden af "Current" solcellerne producerer. Mere direkte sol, mere strøm produceret. Solceller er sammenkoblet til at producere Solar moduler, som du vil bruge til din solens UV Vandbehandling projekt.

En kvadratmeter af sollys producerer en strøm af elektrisk kraft. Producerer 140 watt ved 12 VDC betyder mere end 10 ampere af strøm er genereret. Dette er en respektabel mængde strøm og kan sterilisere en forbløffende mængde vand.

Når du kender din Vand Volumen pr dag ønskede for enhver given UV vand sterilisator systemet projekt, nu er du i stand til størrelse og magt dette system med det passende solcellesystem. I de nedenstående kapitler vil vi gå over forskellige UV Vand Sterilizer systemer for givne flowhastigheder og vandmængder.

Trin Fem: Vælg det bedste Solar PV drevet Water Treatment System

Fra nedenstående kapitler, vælge den bedste solcelleanlæg drevet UV-system til dit projekt. Match System Eksempel, der bedst matcher den samlede mængde vand, du ønsker at levere hver dag gallons per dag (GPD). Nogle programmer, såsom fødevareforarbejdning, der kan kræve større flow. De systemer, der er anført nedenfor er arrangeret af Flow-sats, og i alt gallon per dag leveret.

Når du kender disse vitale statistik om din solens UV vandbehandling projekt din hardware leverandør kan vide, hvordan du konfigurerer dit system. Din anden mulighed er at matche de systemer, der præsenteres i denne bog, der bedst opfylder dine vandbehandling krav. Hvis du ikke kan se et system kraftig nok opført i denne bog, så gå igennem ovenstående trin, og besøge **Solardyne.com** på den verdensomspændende internettet for mere information om større systemer.

Kapitel Tre: Solar Power Systems
Brug Solar PV paneler
Opladning af batterier til Power Supply

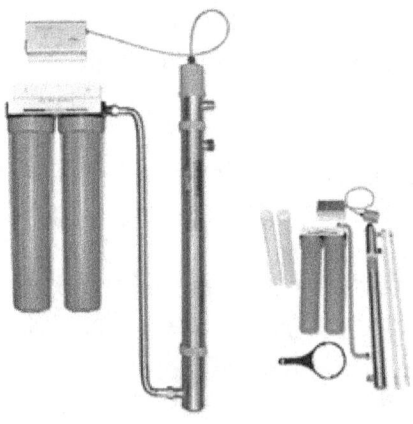

Solen er en kraftfuld energikilde, og ideel til kraftoverførsel remote UV vand sterilisator-systemer. Solcellemoduler producere stærke DC-strømme, og er velegnet til ekstreme steder for deres dokumenterede holdbarhed og pålidelighed.

Solar PV paneler producerer stærke spændinger, selv i lave lysniveauer giver dig nogle muligheder for at oplade dit batteri bank, selv i overskyet vejr. Solar PV arrays er konfigureret til at udbyde bestemte resultater over en bred vifte af klimaforhold.

Derfor solcelleanlæg batteriopladninger systemer er "overdimensioneret" for at kompensere for variation i placering.

UV Vandbehandling systemer kræver en strømforsyning. Den samlede "energi" der kræves for at drive en elektrisk belastning beregnes ved at kende efterspørgslen, og de timer om dagen du betjene udstyret. Energi, lig med magt over tid. Én kilowatt strøm, som bruges i en time, kræver en kilowatt-time (kWh).

Naturligt sollys indeholder mange bølgelængder af lys, og kan bruges separat til forskellige formål. Korte bølgelængder (200-400 nm), som UV er ideelle til sterilisering og vandbehandling anvendelser. Synlige bølgelængder (400-720 nm), fra Violet, Indigo, blå, grøn, gul, orange, og rød, bliver gradvist længere bølgelængde, er fremragende til solcelle (PV) elproduktion.

Den længste bølgelængder til stede i sollys, Infra-Red (720-1100 nm), er ideel til termiske applikationer, såsom opvarmning Air eller vand. Men for Vand Sterilisering funktioner, kun korte UV-B stråler (omkring 254 nm) er i stand til at ødelægge mikroorganismer i vandet.

Direkte sol konvertering teknologien findes, og bruger den naturligt forekommende UV del af spektret til direkte forstyrre den farlige patogener i vandet. Direkte anvendelse af solens UV er i den eksperimentelle (og påviselige) fase, men ikke så kompakt og pålidelig som kører godt udviklet UV sterilisatorer med solenergi.

Også, det er interesseret i at bemærke, naturligt forekommende UV-lys er mindre end 2% af den tilgængelige energi i solens spektrum. Men vores tilgang er at bruge solenergi som en elektrisk strømforsyning.

Moderne solcelle (PV) paneler kan være 14% effektive i marken. Derfor termodynamisk, omdanne solens energi, først, at el og køre en UV-lampe, producerer mange flere gange 254 nm UV-lys end forekommer i naturligt sollys per kvadratmeter.

Denne eBook bruger eksempler på solenergi til at producere elektricitet. Solar el bruges til at oplade et batteri system. Solens opladet batteri viljestyrke en inverter til at levere standard AC-strøm, som igen, beføjelser UV vandbehandlingsanlæg på efterspørgslen.

Solar Power System for din UV sterilisator vil omfatte Solar PV-panel-antenne med monteringsdele vedhæfte, og implementere dine solcellepanelerne på stedet. DC elektricitet fra solcelleanlæg paneler er forbundet til et Charge-Controller.

Charge-Controller er "hjernen" i systemet, og flere funktioner til at holde din magt system sikkert, og fungerer effektivt. Laderegulatoren justerer strømmen kommer fra Solar PV panel ved at finde det er Maximum Power Point. Controllere bruge denne Maximum Power Point Tracking (MPPT) for at matche den ideelle lodtrækning fra solcellepanelerne til at opkræve den særlige spænding på batterierne.

Den Charge-controller, også overvåger batteriets arbejder spænding, og giver beskyttelse til batteriet fra to betingelser: High Voltage, og lav spænding.

High Voltage betingelse er, når dine batterier er begyndt at over-charge. Over-opladning er farlig for batterier, og kan føre til fiasko. Derfor charge-controller registrerer denne tilstand, og beskæftiges en High Voltage Disconnect (HVD). Den HVD fortæller controlleren at åbne kredsløbet fra solcelleanlæg paneler, så der ikke mere opladning kan forekomme.

På den anden side, hvis batteriets spænding er sanses af controlleren til at være for lav, controlleren bruger en Low Voltage Disconnect (LVD) at turn-off kredsløb til magten belastning, og ikke mere strøm trækkes fra batteriet. LVD tilstand, er også farlige for batterier, og bruges til yderligere at beskytte kredsløbet.

Fordi vandbehandling er så afgørende, skal brugeren være i stand til at vende-på systemet og har produktion rent vand på efterspørgslen 24/7. For at gøre dette bruger vi et batteri bank til at lagre energi fra solcellepanelerne og levere strøm til UV sterilisator.

Batteri bank eksempler de, der findes i prøven systemer, er baseret på den samlede kræves af UV vand sterilisator til at køre i et bestemt antal timer om dagen Energi, og den samlede mængde vand, renset og leveret i gallons per dag.

Med hensyn til strømforsyninger, alle spændinger køre "ned ad bakke." Hvis du ønsker at drive en 12 VDC belastning fra et solcelleanlæg panel, skal du nødt til at producere mere end 12 VDC i spænding til at drive belastningen enten fra et solpanel eller batteri. For en 12 VDC Solar PV panel til at producere en højere spænding producenten vil wire 36 individuelle solceller i serie inden for modulet. Ledningsføring af de enkelte solceller i serien "Tilføjer" spændinger producerer en nominel 18 VDC.

Under belastning, der er, når du tilslutter UV sterilisator, vil spændingen falde som sol PV paneler driver systemet.

Mindre solcelleanlæg paneler 60-135 watt er normalt 12 VDC Panels. Hvis du vil have større systemspændinger wire disse paneler i serie. To i serie for 24 VDC. Fire i serie for 48 VDC. Større solcelleanlæg paneler, fra 140 watt - 280 watt er kablede ved 24 VDC hver. Wire to PV paneler i serie for 48 VDC-systemer.

DC spænding solcellesystem bestemmes af Inverter, du vælger til Power Load. Fra Inverter indgangsspænding, du bestemme din arbejdstid batterispænding (de skal matche), og arbejder tilbage derfra, vil du vide, hvad spænding til wire dit solar array. Igen, vil Solar DC Voltage matche Batterispænding, som til gengæld matcher Inverter DC Input spænding.

Bemærk: Når ledningsføring solcelleanlæg paneler wire i serien for at øge spænding (strøm forbliver den samme), tråd i Parallel at øge den nuværende (spænding forbliver den samme).

Den energi, der produceres af din Solar PV panel vil være effekt ganget med dit daglige Solar peak-time rating for dit websted.

Check dig placering med en Solar Power kort , og bemærk hvor mange Solar peak-timers solstråling dit websted modtager.

Montering af Solar PV paneler på placering - Indstillinger

Solpaneler kan monteres på mange forskellige måder. Disse muligheder omfatter Stangmontering, Ground montage, tag montage, Passive Tracking, og Active Tracking montering.

Faste mounts holde solcelleanlæg panel på et bestemt Tilt-vinkel og er justerbar. For at øge produktionen af din Solar PV array kan du justere denne vinkel sæsonmæssigt at maksimere sol. Alle

Solar mounts er monteret til ansigt Syd, når dit websted er på den nordlige halvkugle, (Bemærk: pege din paneler nord, hvis du er i den sydlige halvkugle).

PV paneler til at pumpe vand har brug for en robust og pålidelig monteringsbeslag. Solcelleanlæg paneler kan være Pole monteres enten på top-of-the-polet, som en mastetop, eller kan være Side-Pole monteret. Side-Stangmontering hardwaren har et beslag langs bunden og toppen af solcelleanlæg paneler.

Pole montering er en stor mulighed, fordi det holder dine paneler over jorden minimere jorden effekter såsom øget støv. Også ledningsføring din paneler, når de er monteret på Monteringssæt beslaget er lettere at gøre som kravle under Solar PV paneler (J-bokse er på bagsiden af panelet) er handy.

Stangmontering dit solar PV paneler også gør installationen lettere. Mindre Solar PV paneler vil montere på standard 1.5" Schedule # 40 rør. Byggemodning indebærer auguring et hul, og sætte din stang i cement og aggregat.

Større Solar PV arrays, op til 2.000 watt med toppen af Stangmontering vil montere på enten 2,5" Schedule # 40 rør, 3,5" eller 4,5" rør for de største arrays. Eksemplerne nedenfor vil kalde den specifikke diameter din monteringsrøret.

For robusthed og lave omkostninger, kan du også Ground Mount dine solpaneler. Ground Montage er en A-Frame rack, der tillader dig at justere din Tipvinkel. Den generelle ideelle vinkel til montering dit solar PV paneler er fundet ved at tage din Latitude vinkel af hjemmesiden, og trække 15 grader. Derfor, hvis din placering har en bredde på 45 grader, den rette hældning er 30 grader målt fra vandret.

Bemærk: Hvis dit websted er i en tropisk placering, eller en meget uklar placering, den bedste hældning er ingen vinkel. Montere dine paneler flad. Dette får den mest "Global" solstråling, der er både direkte og indirekte stråler.

Du kan også montere dit solar PV på dit tag, hvis dit tag er i nærheden af din godt site. I de fleste tilfælde er dette ikke tilfældet, så jeg vil blot nævne denne mulighed.

Solenergi produktion er øget, hvis du altid peger solcelleanlæg panelet mod solen. Sporing hardware gør dette enten i en akse - Godmorgen gennem natten, eller på to-aksen (højde og azimut), som er mest præcise.

Trackers er kategoriseret i to typer: passive og aktive, hhv. Passiv sporing såsom med Zomeworks gear har stor robusthed, og stiger Solar PV panel output i energi omkring 25% i gennemsnit. Passiv-type trackers bruger ujævn opvarmning af interne gasser til selv at justere panelerne i løbet af dagen, efter solen. I morgen, disse trackers nulstille til den opgående sol og gentage cyklus.

Solcelleanlæg power systemer fungerer bedst i direkte sollys. Efter solens bane, solcelleanlæg paneler øge energiproduktionen - elproduktion over tid.

Aktiv tracking bruge Wattsun Aktive Trackers øger produktionen af solcelleanlæg paneler så meget som 35%. Brug servomotorer og en sol sensor, drevet af en separat solcelleanlæg array, de Wattsun trackers udtrække den maksimale energi ud af din Solar PV array. Der er en omkostningsstigning for hardware, men systemets ydeevne stiger drastisk. Hvis dit websted er meget fjern, vil jeg anbefale nogen bevægelige dele, og gå med Top-Stangmontering kræver ingen vedligeholdelse potentiale. Hvis du har let adgang til dit websted, eller du er i en meget lille mund-print, aktiv-tracking er en stor mulighed for at øge ydeevnen.

I den stikprøve, der er anført nedenfor bruger vi to Solar PV paneler som eksempler. For mindre Solar PV paneler, normeret til 12 VDC hver, Dasol paneler af 30, 60, 90 og 135 watt, henholdsvis citeres. For større Solar PV paneler bruger vi REC line ved hjælp af populære og bredt tilgængelige 250 Watt modul (panel) klassificeret til 24 VDC hver.

De batterier, udvalgt til stikprøven Anlægseksempel Part-lister nedenfor, Sealed-typen, lækage-bevis, og vedligeholdelsesfrie. Sealed Gel Batterier er designet til at være robust, og er pålidelige.

Disse batterier kan fungere i enhver orientering (hovedet anbefales ikke), er fremstillet for holdbarhed, og skibet godt. Alle Solar PV batteriopladning systemer vil anvende korrekt størrelse Charge-Controller, hvilket yderligere beskytter batteriet Bank for pålidelig, vedligeholdelsesfri drift.

De batterier, der anvendes i eksemplerne er forseglet 12 VDC. For større systemer batterierne er forbundet i serie eller parallel, eller begge til at matche indgangsspændingen til frekvensomformeren.

Der føjes en inverter til at konvertere DC batteriernes kapacitet til AC enfaset strøm til at drive UV vandbehandling system.

Installation og site Overvejelser for din Solar PV Power Supply

Din Solar Power System vil sandsynligvis placeret et stykke fra din UV Water Sterilizer system. UV Water Sterilizer skal monteres indendørs, hvis temperaturen falder til under 4 grader C. (40 grader F.) Den optimale temperaturområde for UV sterilisering udstyr er mellem 9 grader C., og 29 grader C. Den solcelleanlæg elsystem kan være monteret op til 200 meter fra placeringen af UV Water Sterilizer system.

Bemærk: Hvis dine Solar PV paneler nødt til at placeres mere end 200 meter væk fra dit batteri bank, og UV Water Sterilizer system, kan du øge spændingen i dit Solar PV array til at kompensere for spænding tab gennem en længere længde på wire. Medbring din Solar PV elektricitet i med ledning til din batteri bank, hvor din Charge controller, batterier og inverter er placeret. Hvis dit websted er i en meget varm sted at øge din Solar Array spænding ved at tilføje et andet panel, eller delstreng af paneler, i serie for at øge spændingen i PV-streng.

Fjerntliggende steder er berygtet for logistiske problemer. Ofte er der ingen magt, der er pointen med denne eBook - kraftoverførsel UV vand sterilisatorer med Solar PV magt. Som sådan vil de følsomme elektronik dit solenergi system kræver beskyttelse. Inkluderet i nedenstående eksempler, er alle vejr batteri kasser, som beskytter dine batterier fra vejret, og andre miljømæssige eksternaliteter. Batteri kasser kommer enten isoleret eller ikke-isoleret. Hvis du er i et koldere klima, bruger derefter isoleret. I tempererede klimaer vælger uisoleret. Hvis du er i et varmt klima anvendelse isoleret.

Solcelleanlæg paneler vil være Top-of-Pole monteret (findes andre muligheder, såsom Ground, tag, og Sporing mounts), at montere Solar PV array til en kolofon. Mastetop hardware passer på toppen af en lodret stålrør (1,5-4,5" i diameter, Schedule # 40 rør) sunket i jorden til montering solcellepanelerne. Større Solar PV arrays kan bruge Ground Mounts som en stabil og pålidelig platform som fundament kan sikres, vigtig i ekstreme steder.

Det generelle layout er at montere UV Water Sterilizer systemet enten på vand main input til strukturen eller på brugsstedet. Brugsstedet er den mest ønskelige, da der ikke er nogen chance for krydskontaminering. Hvis du monterer UV-system på din vandledning, så sørg for at sterilisere nedstrøms røret, så det rensede vand kan nå brugeren uforurenet.

De følgende kapitler vil fokusere på specifikke UV vandbehandling systemer og den tilsvarende Solar PV Power Supply for en given Daily Vandbehandling volumen i gallons per dag (GPD) leveret.

Helhedsplan:

Hvis din kilde til vand for vandbehandling er fra et kommunalt kilde, så vil du bruge UV Sterilizer System, og Solar Power Supply.

Hvis din kilde til vand er fra en lavvandet kilde, såsom fra en dam, sø, bæk, strøm, eller samme højde Tank eller cisterne, du har brug for en kilde til pres, derfor skal du have en Surface pumpe. Denne eBook dækker solenergi forsyninger til UV vand sterilisator system. Hvis du har brug for solenergi din pumpe se min anden Book "Solar PV Water Pumping" for specifikationer på solvarme pumpe og strømforsyning.

Hvis din kilde til vand er en dyb brønd, så du skal bruge en dykpumpe, se "Solar PV vandpumpning" for specifikationer på dykkede solarpumpe og strømforsyninger.

De følgende eksempler diskutere Solar Power Supplies for en given UV Vandbehandling Flow, og antallet af timer per dag at systemet vil fungere for en given vandforsyning i behandlet vand express i gallons per dag.

Kapitel Fire: UV Vand Sterilizer System ved 4 GPM med Solar Power Supply fra 240 til 5.760 gallon per dag

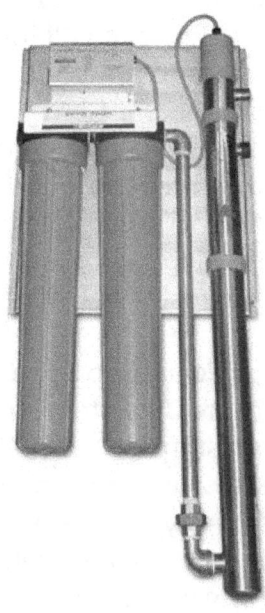

I dette kapitel vil vi se på et UV Vand sterilisering System er dimensioneret for lille hytte, eller Household brug med forskellige Solar strømforsyninger baseret på hvor meget vand om dagen, du har brug for at sterilisere. Denne UV-sterilisering system har en 4 GPM strømningshastighed stand til at producere 240 gallons af rent vand i timen.

Den samlede mængde vand per dag, du kan producere, afhænger af størrelsen af Solar strømforsyning. Denne UV vandbehandlingsanlæg kan bruge hanen, grundvand, dam, sø, å, lille flod, eller godt vandkilder.

UV Vandbehandling system, der anvendes i dette eksempel er Wyckomar SYS-POU250. Denne UV vandbehandling system er en All-in-One konstruktion, hvor alt udstyr er formonteret, og præ-testet af producenten. De vigtigste komponenter i dette system, omfatter Inline Filtre, filterhuse, UV-lampe Afdeling, høj effektivitet Ballast med Low Light Alarm, Trykbegrænsningsventiler, manuel Shut-off styring, og indtag / Output fittings alle monteret på en rustfri stål monteringsplade.

Den mindste Solar Power Supply i dette kapitel vil begynde med at køre UV-system for 1 time om dagen. Den næste størrelse Solar PV Power Supply vil køre systemet til 2 timer om dagen. Det tredje system størrelse viljestyrke UV sterilisator 4 timer om dagen. Den fjerde eksempel vil køre 8 timer om dagen, og det sidste eksempel på kontinuerlig drift med en samlet daglig produktion på 24 timers sats af en anslået 5.760 gallons per dag.

Solar Power Supply:

Effektbehovet POS250 UV-system er 75 watt. "Energi" efterspørgsel, derfor er 75 watt-timer for hver time per dag, du ønsker at køre vand sterilisator. Til denne model af UV sterilisator hver time brug vil kræve en ekstra 75 watt-timer energi, og systemet Solar eksempel Strømforsyning bliver større.

Det er nemt at konstruere et solcellesystem til magten 12 VDC eller 24 VDC belastninger, og eksemplerne nedenfor vil omfatte Styklister for hver sol strømforsyning. Mindre solcelleanlæg systemer vil blive baseret på en 12 VDC sol batteri afgiftssystem. Omformeren inkluderet konverterer dit batteri DC spænding til Single-Phase standard AC strøm. Din UV Vandbehandling system er designet til AC elektricitet, og når begge systemer, solenergi og UV sterilisator, der er installeret: bare plug i UV sterilisator til din inverter, og tænd.

UV System formonteret, Pre-Testet og Pakket til Ship

UV Vandbehandling system, der anvendes i det er eksempel er SYS-POU250 Produceret af Wyckomar. Dette UV-system er fuldt integreret med alle de indgående delsystemer monteret, testet og klar til at blive installeret som en enhed. Monteret på en rustfri stål bagplade, denne vandbehandling system er udstyret med to-trins pre-filtre, en UV-sterilisering lampe Chamber, og overvåge al VVS, fittings, ventiler, og systemintegration.

SYS-POU250 vand sterilisering system er en Point-of-Brug vand sterilisator ideel til sommerhuse, campingvogne og afsidesliggende boliger, og bedst installeres på det sidste punkt i rækken før brug.

Vand under tryk Kilde:

Hvis din kilde til vand er fra den kommunale hanen, tryktank, eller forhøjet tank, og har vand pres med et minimum på 20 PSI, og højst 125 PSI, så kan du tilslutte din UV vand sterilisator direkte til vandet linje, enten på vand Main eller på brugsstedet.

Un-trykvandsanlæg Kilde:

Hvis din kilde til vand er en lokal Nå, så du skal bruge en Water pumpesystem foran UV Water Sterilizer at give arbejdstryk. Hvis dette er tilfældet, skal du henvise til min bog "Solar PV vandpumpning" til specifikke sol strømforsyninger og dykpumper til netop din situation med hensyn til dybde Well. Når du vælger din Solar Water pumpesystem matcher dit system Flow-Rate til 4 GPM for disse eksempler.

Hvis vandet kommer fra en Shallow kilde, såsom en dam, sø, bæk, strøm, eller lille flod, så du skal bruge en Surface pumpe til at give pres på UV-system. Hvis dette er tilfældet, skal du henvise til min e-bog "Solar PV vandpumpning" til specifikke strømforsyninger og pumper til forskellige overflade vandkilder, herunder in-line filtre, som vil være nødvendige. Overflade vandkilder typisk kompromitteret. Shallow vandkilder vil kræve Inline filtre (to-trins).

Eksempel A - 240 gallons per dag

Vand sterilisering ved 4 GPM - Vand levering sats 240 gallons i timen. Solar Power Supply Spilletid: 1 time om dagen. Samlet daglige produktion i Drikkevands Produktion: 240 gallons per dag

Typisk brug: Hytter, Både, autocampere, off-grid huse, Remote Sites,

Stykliste:

UV Water Sterilizer System:

Et (1) SYS-POU250 Wyckomar Water UV Sterilizer System normeret til 4 GPM. Indeholder: 2-trins vand filtreringer (5 Micron) sediment og Kulfiltre. High-Intensity UV Lampe, med Quartz Sleeve, og UV Monitor Alarm. Filterhuse, overtryksventiler, med høj effektivitet Electronic Ballast. Alle formonteret, Pre-testet, og monteret på en rustfri Stålmonteringsplade

Solar PV Array:

En (1) Solar PV panel normeret til 30 watt ved 12 VDC. Eksempel solpanel: Dasol DS-A18-30, Size

hver: 27.2" x 13.8" x 1" En (1) Bedst af-
Stagemontering hardware til en 30 watt panel, eller
anden, hvis køretøjet Mounts på 1,5" Schedule # 40
røret.

Batteri / Charge-Controller / Inverter:

Et (1) SunSaver-6, Charge-controller normeret til 12
VDC batteriopladning op til 6 ampere. En (1)
Forseglet, vedligeholdelsesfrit batteri MK 8GU1
normeret til 12 VDC @ 31 Amp-timer. Et (1) Side-of-
Pole monteret batteri boks (monteret under Solar
PV paneler). En (1) ExcelTech XP 125 watt Single-
Phase AC inverter til 12 VDC.

Bemærk: Dette solenergi system er designet til at
give en times køretid hver dag for UV Vand
sterilisator System producerer 240 gallon per dag af
drikkevand produktion. Større
vandbehandlingsanlæg nedenfor.

Eksempel B - 480 gallons per dag

Vand sterilisering ved 4 GPM - Vand levering sats
240 gallons i timen. Solar Power Supply Run Time: 2
time om dagen. Samlet daglige produktion i
Drikkevands Produktion: 480 gallons per dag (GPD).

Typiske applikationer: Hytter, Både, autocampere,
off-grid Houses, fjerntliggende steder

Stykliste:

UV Water Sterilizer System:

Et (1) SYS-POU250 Wyckomar Water UV Sterilizer System normeret til 4 GPM. Indeholder: 2-trins vand filtreringer (5 Micron) sediment og Kulfiltre. High-Intensity UV Lampe, med Quartz Sleeve, og UV Monitor Alarm. Filterhuse, overtryksventiler, med høj effektivitet Electronic Ballast. Alle formonteret, Pre-testet, og monteret på en rustfri Stålmonteringsplade

Solar PV Array:

En (1) Solar PV panel normeret til 60 watt ved 12 VDC. Eksempel solpanel: Dasol DS-A18-60, Size hver: 27.2" x 26.2" x 1.38" Et (1) Top-of-Stagemontering hardware til en 60 watt panel Monteres på 1,5" Schedule # 40 rør.

Batteri / Charge-Controller / Inverter:

Et (1) SunSaver-10, Charge-controller normeret til 12 VDC batteriopladning op til 10 ampere. En (1) Forseglet, vedligeholdelsesfrit batteri MK 8G22NF normeret til 12 VDC @ 50 Amp-timer. Et (1) Side-of-Pole monteret batteri boks (monteret under Solar PV paneler). En (1) ExcelTech XP 125 watt Single-Phase AC inverter til 12 VDC.

Bemærk : Dette solenergi system er designet til at give to timers køretid hver dag for UV Vand sterilisator System. Wire dine PV paneler i Parallel at øge ampere. System DC spænding: 12 VDC. UV System producerer ca 480 gallons per dag drikkevand produktion.

Eksempel C - 960 gallons per dag

Vand sterilisering ved 4 GPM - Vand levering sats 240 gallons i timen. Solar Power Supply Run Time: 4 time om dagen. Samlet daglige produktion i Drikkevands Produktion: 960 gallons per dag.

Typisk Anvendelse: Hytter, marinaer, autocampere, off-grid Houses, Remote Sites

Stykliste:

UV Water Sterilizer System:

Et (1) SYS-POU250 Wyckomar Water UV Sterilizer System normeret til 4 GPM. Indeholder: 2-trins vand filtreringer (5 Micron) sediment og Kulfiltre. High-Intensity UV Lampe, med Quartz Sleeve, og UV Monitor Alarm. Filterhuse, overtryksventiler, med høj effektivitet Electronic Ballast. Alle formonteret, Pre-testet, og monteret på en rustfri Stålmonteringsplade

Solar PV Array:

To (2) Solar PV panel normeret til 60 watt ved 12 VDC, 120 watt total. Eksempel Solcellemodul: Dasol DS-A18-60, Size hver: 27.2" x 26.2" x 1.38" Et (1) Top-of-Stagemontering hardware til to 60 watt paneler. Monteres på 1,5" Schedule # 40 rør.

Batteri / Charge -Controller/Inverter:

Et (1) SunSaver SS-15MPPT, Charge-controller normeret til 12 VDC batteriopladning op til 15 ampere. En (1) Forseglet, vedligeholdelsesfrit batteri MK 8G34 normeret til 12 VDC @ 60 Amp-timer hver. Et (1) Side-of-Pole monteret batteri boks (monteret under Solar PV paneler). En (1) ExcelTech XP 125 watt Single-Phase AC inverter til 12 VDC.

Bemærk : DC System. Dette solcelleanlæg system er designet til at give fire timers køretid hver dag for UV Vand sterilisator System producerer cirka 960 gallons per dag drikkevand produktion.

Eksempel D - 1.920 gallon per dag

Vand sterilisering ved 4 GPM - Vand levering sats 240 gallons i timen. Solar Power Supply Run Time: 8 time om dagen. Samlet daglige produktion i Drikkevands Produktion: 1.920 gallons per dag.

Typisk Anvendelse: Hytter, marinaer, off-Grid Houses, fjerntliggende steder, restauranter, vingårde, bryggerier, Food-processorer, kvægbrug, ostemejerier, Klinikker

Stykliste:

UV Water Sterilizer System:

Et (1) SYS-POU250 Wyckomar Water UV Sterilizer System normeret til 4 GPM. Indeholder: 2-trins vand filtreringer (5 Micron) sediment og Kulfiltre. High-Intensity UV Lampe, med Quartz Sleeve, og UV Monitor Alarm. Filterhuse, overtryksventiler, med høj effektivitet Electronic Ballast. Alle formonteret, Pre-testet, og monteret på en rustfri Stålmonteringsplade

Solar PV Array:

To (2) Solar PV panel normeret til 135 watt ved 12 VDC hver, 270 Watt total array. Eksempel PV-panel: Dasol DS-A18-135, Størrelse hver: 27.2" x 26.2" x 1.38" Et (1) Bedst af -Stagemontering hardware til to 135 watt paneler. Monteres på 1,5" Schedule # 40 rør, augured ned i jorden med cement fundament.

Batteri / Charge-Controller / Inverter:

Et (1) SunSaver SS-15MPPT, Charge-controller normeret til 24 VDC batteriopladning op til 15 ampere. To (2) Forseglet, vedligeholdelsesfrit batteri MK 8G34 normeret til 12 VDC @ 60 Amp-timer hver.

En (1) Bryst Style Ground Battery Box (kan placeres op til 50 meter væk fra PV). En (1) ExcelTech XP/24, 125 Watt Single-Phase AC inverter til 24 VDC.

Bemærk : To 12 VDC batterier kabelforbundet i serien til en 24 VDC-system. Dette solcelleanlæg system er designet til at give Otte timers køretid hver dag for UV Vand sterilisator System producerer cirka 1.920 gallons per dag drikkevand produktion.

Eksempel E - 5.760 gallon per dag

Vand sterilisering ved 4 GPM - Vand levering sats 240 gallons i timen. Solar Power Supply Run Time: 24 timer per dag - kontinuerlig drift. Samlet daglige produktion i Drikkevands Produktion: 5.760 gallons per dag.

Typisk Anvendelse: Hytter, marinaer, off-Grid Houses, fjerntliggende steder, Beboelse, Light Commercial, der forarbejder fødevarer, brygning, Klinikker

Stykliste:

UV Water Sterilizer System:

Et (1) SYS-POU250 Wyckomar Water UV Sterilizer System normeret til 4 GPM. Indeholder: 2-trins vand filtreringer (5 Micron) sediment og Kulfiltre. High-

Intensity UV Lampe, med Quartz Sleeve, og UV Monitor Alarm. Filterhuse, overtryksventiler, med høj effektivitet Electronic Ballast. Alle formonteret, Pre-testet, og monteret på en rustfri Stålmonteringsplade

Solar PV Array:

Fire (4) Solar PV panel normeret til 250 watt ved 24 VDC hver 1.000 Watt total array. Eksempel PV-panel: REC Solar PV 250PE, Størrelse hver: 65,5 "x 39" x 1,5" One (1) Top-of-Stagemontering Hardware Fire (4) 250 watt paneler. Monteres på 3,5" Schedule # 40 rør, augured ned i jorden med cement fundament.

Batteri / Charge-Controller / Inverter:

Et (1) SunSaver SS-15MPPT, Charge-controller normeret til 24 VDC batteriopladning op til 15 ampere. To (2) Forseglet, vedligeholdelsesfrit batteri MK 8G30H normeret til 12 VDC @ 97 Amp-timer hver. En (1) Bryst Style Ground Mounted Battery Box (kan placeres op til 50 meter væk fra PV). En (1) ExcelTech XP/24, 125 watt Single-Phase AC inverter til 24 VDC.

Bemærk : To 12 VDC batterier er forbundet i serie til en 24 VDC-system. Dette solcelleanlæg system er designet til at levere 24 timers køretid hver dag for UV Vand sterilisator System producerer cirka 5.760 gallons per dag drikkevand produktion.

Kapitel Fem - UV Vandbehandling 8 GPM med Solar Power Supply til 960 til 11.520 gallon per dag

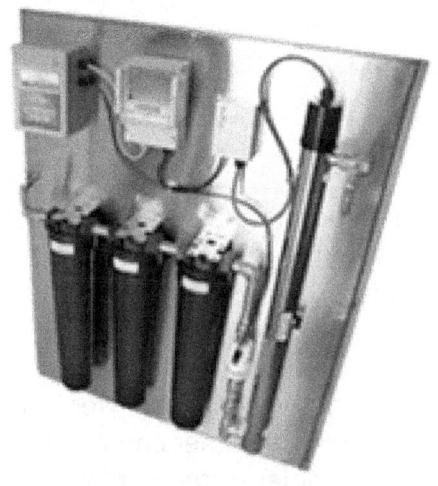

I dette kapitel vil vi se på solcelleanlæg drevet vandbehandlingsanlæg normeret til 8 gallon per minut flow.

Ideel til Residential systemer, UV vandbehandling system, der anvendes disse eksempler er Wyckomar SYS-MD1003.

Denne UV-behandling system er bygget Alt-i-en, der indeholder alle de nødvendige hardware formonteret og testet.

UV-behandling systemer omfatter inline To Stage filtrering (5 Micron), Housings, UV-lampe kammer, Quartz Sleeve, Fittings, og overtryksventiler, alle installeret og klar til at gå.

Følgende Solar PV strømforsyninger er udviklet til at køre MD1003 UV behandling system til det antal timer, der er angivet til at levere en given mængde drikkeligt, behagelig, drikkevand per dag.

Solar Power Supply

Den effekt efterspørgsel på dette system er 95 watt. "Energi" efterspørgsel, derfor er 95 watt-timer for hver time per dag, du ønsker at køre vand sterilisator.

Til denne model af UV sterilisator hver time brug vil kræve en ekstra 95 watt-timer energi fra Solar PV elsystem, og eksemplet systemet bliver større.

Eksempel F - 960 gallons per dag (GPD)

Vand sterilisering ved 8 GPM - Vand levering sats 480 gallons i timen. Solar Power Supply Run Time: 2 timer dagligt. Samlet daglige produktion i Drikkevands Produktion: 960 gallons per dag.

Typisk Anvendelse: Cabins, Marinas, Off-Grid Houses, Remote Sites, Bolig, Erhverv, Fødevare-behandling, brygning,

Stykliste:

UV Water Sterilizer System:

Et (1) SYS-MD1003 Wyckomar Water UV Sterilizer System normeret til 8 GPM. Indeholder: 2-trins vand filtreringer (5 Micron) sediment og Kulfiltre. High-Intensity UV Lampe, med Quartz Sleeve, og UV Monitor Alarm. Filterhuse, overtryksventiler, med høj effektivitet Electronic Ballast. Alle formonteret, Pre-testet, og monteret på en rustfri Stålmonteringsplade

Solar PV Array:

En (1) Solar PV panel normeret til 135 watt ved 12 VDC hver. Eksempel solcelleanlæg panel: Dasol DS-A18-135, Størrelse hver: 27.2"x 26.2" x 1.38" Et (1) Top-of-Stagemontering Hardware for en 60 watt panel. Mounts på 1,5" Schedule # 40 rør.

Batteri / Charge-Controller / Inverter:

Et (1) SunSaver SS-15MPPT, Charge-controller normeret til 12 VDC batteriopladning op til 15 ampere. En (1) Forseglet, vedligeholdelsesfrit batteri MK 8G24DT normeret til 12 VDC @ 73 Amp-timer. Et (1) Side-of-Pole monteret batteri boks (monteret under Solar PV paneler). En (1) ExcelTech XP 125 watt Single-Phase AC inverter til 12 VDC.

Bemærk: Dette solenergi system er designet til at give to timers køretid hver dag for UV Vand sterilisator System. Wire dine PV paneler i Parallel at øge ampere. System DC spænding: 12 VDC. UV System producerer ca 960 gallons per dag drikkevand produktion.

Eksempel G - 1.920 Gallons Per Day (GPD)

Vand sterilisering ved 8 GPM - Vand levering sats 480 gallons i timen. Solar Power Supply Run Time: 4 timer om dagen. Samlet daglige produktion i Drikkevands Produktion: 1.920 gallons per dag.

Typisk Anvendelse: Cabins, Marinas, Off-Grid Houses, Remote Sites, Bolig, Erhverv, Fødevare-behandling, brygning, Klinikker,

Stykliste:

UV Water Sterilizer System:

Et (1) SYS-MD1003 Wyckomar Water UV Sterilizer System normeret til 8 GPM. Inkluderer: 2-trins vand filtreringer (5 Micron) sediment og Kulfiltre. High-Intensity UV Lampe, med Quartz Sleeve, og UV Monitor Alarm. Filterhuse, overtryksventiler, med høj effektivitet Electronic Ballast. Alle formonteret, Pre-testet, og monteret på en rustfri stål monteringsplade.

Solar PV Array:

To (2) Solar PV panel normeret til 135 watt ved 12 VDC hver, 270 Watt total array. Eksempel PV Panel: Dasol DS-A18-135, Størrelse hver: 27.2" x 26.2" x 1.38" Et (1) Bedst af -Stagemontering hardware til to 60 watt paneler. Monteres på 1,5" Schedule # 40 rør.

Batteri / Charge-Controller / Inverter:

Et (1) SunSaver SS-15MPPT, Charge-controller normeret til 24 VDC batteriopladning op til 15 ampere.

To (2) Forseglet, vedligeholdelsesfrie batterier MK 8G34 normeret til 12 VDC @ 60 Amp-timer hver. Et (1) Side-of-Pole monteret batteri boks (monteret under Solar PV paneler). En (1) ExcelTech XP 125 watt Single-Phase AC inverter til 24 VDC.

Bemærk: DC System wire solcelleanlæg paneler i Parallel.

Dette solcelleanlæg system er designet til at give fire timers køretid hver dag for UV Vand sterilisator System producerer cirka 1.920 gallons per dag drikkevand produktion.

Eksempel H - 3.840 gallons per dag (GPD)

Vand sterilisering ved 8 GPM - Vand levering sats 480 gallons i timen. Solar Power Supply Run Time: 8 timer om dagen. Samlet daglige produktion i Drikkevands Produktion: 3.840 gallons per dag.

Typisk brug: Hytter, lystbådehavne, off-grid huse, Remote Sites, Bolig, Erhverv, Fødevare-behandling, brygning, Klinikker

Stykliste:

UV Water Sterilizer System:

Et (1) SYS-MD1003 Wyckomar Water UV Sterilizer System normeret til 8 GPM. Indeholder: 2-trins vand filtreringer (5 Micron) sediment og Kulfiltre. High-Intensity UV Lampe, med Quartz Sleeve, og UV Monitor Alarm. Filterhuse, overtryksventiler, med høj effektivitet Electronic Ballast. Alle formonteret, Pre-testet, og monteret på en rustfri stål monteringsplade.

Solar PV Array:

To (2) Solar PV panel normeret til 250 watt ved 24 VDC hver, 500 Watt total array. Eksempel: REC Solar PV 250PE, Størrelse hver: 65,5" x 39" x 1.5" Et (1) Top-of-Stagemontering hardware til to 250 watt paneler. Monteres på 2,5" Schedule # 40 rør, augured ned i jorden med cement fundament

Batteri / Charge-Controller / Inverter:

Et (1) MorningStar TS-MTTP-45, Charge-controller normeret til 24 VDC batteriopladning. To (2) Forseglet, vedligeholdelsesfrit batteri MK 8G24DT normeret til 12 VDC @ 73 Amp-timer hver. En (1) Bryst Style Ground Mounted Battery Box (kan placeres op til 50 meter væk fra PV).

En (1) ExcelTech XP/24 125 watt Single-Phase AC inverter til 24 VDC.

Bemærk : To 12 VDC batterier er forbundet i serie til en 24 VDC-system. To PV paneler parallelt kablede. Dette solcelleanlæg system er designet til at give Otte timers køretid hver dag for UV Vand sterilisator System producerer cirka 3.840 gallons per dag drikkevand produktion.

Eksempel I - 11.520 gallons per dag (GPD)

Vand sterilisering ved 8 GPM - Vand levering sats 480 gallons per time
Solar Power Supply Spilletid: 24 timer per dag - Kontinuerlig Duty
Samlet daglige produktion i Drikkevands Produktion: 11.520 gallon per dag

Typisk Anvendelse: Cabins, Marinas, off-grid Houses, Remote Sites, Bolig, Erhverv, Food-forarbejdning, Brygning, klinikker, hospitaler, små landsbyer, gårde, ranches

Stykliste:

UV Water Sterilizer System:

Et (1) SYS-MD1003 Wyckomar Water UV Sterilizer System normeret til 8 GPM. Indeholder: 2-trins vand filtreringer (5 Micron) sediment og Kulfiltre. High-Intensity UV Lampe, med Quartz Sleeve, og UV Monitor Alarm. Filterhuse, overtryksventiler, med høj effektivitet Electronic Ballast. Alle formonteret, Pre-testet, og monteret på en rustfri stål monteringsplade.

Solar PV Array:

Seks (6) Solar PV paneler normeret til 250 watt ved 24 VDC hver, 1.500 Watt total matrix. Eksempel: REC Solar PV 250PE, Størrelse hver: 65,5" x 39" x 1.5" Et (1) Top-of-Stagemontering hardware til seks (6) 250 watt paneler. Monteres på 3,5" Schedule # 40 rør, augured ned i jorden med cement fundament.

Batteri / Charge-Controller / Inverter:

Et (1) MorningStar TS-MPPT-60, Charge-controller normeret til 24 VDC batteriopladning. To (2) Forseglet, vedligeholdelsesfrit batteri MK 8G30H normeret til 12 VDC @ 97 Amp-timer hver. En (1) Bryst Style Ground Mounted Battery Box (kan placeres op til 50 meter væk fra PV). En (1) ExcelTech XP/24 125 watt Single-Phase AC inverter til 24 VDC.

Bemærk: To 12 VDC batterier er forbundet i serie til en 24 VDC-system. Solar PV paneler tilsluttes som to understrenge i serie. Hver substring af 3 paneler parallelt kablede Dette solcelleanlæg system er designet til at levere 24 timers køretid hver dag for UV Vand sterilisator System producerer cirka 11.520 gallons per dag drikkevand produktion.

Kapitel Six - UV Vandbehandling System på 12 GPM for 2.880 GPD til 17.280 gallon per dag

Dette kapitel ser på et højere flow UV vand sterilisator system SYS-MD1004. Bedømt ved 12 GPM denne UV sterilisator er designet til husholdninger, bygninger med 1" vandledninger. Den 1" indtag giver øget kapacitet og kan køres for korte gange hver dag, eller 24 timer om dagen i kontinuerlig brug. Solenergi systemer, der er anført nedenfor bruger Solar PV paneler til at opbygge en Solar Array af den rette effekt.

Systemer omfatter monteringsdele foreslået, samt Charge controller, batteri bank, og Inverter til at producere AC strøm til at køre dit UV sterilisator system.

UV Dosis fra denne UV sterilisator producerer 54 mJ/ cm2 (54.000 μsec/cm2) @ 95% UVT 38 mJ/cm2 (38.000 μsec/cm2) @ 70% UVT. Denne høj dosis UV-bestråling steriliserer kommercielle output anvendelige til forarbejdning af fødevarer, ostemejerier, hospitaler, små landsbyer, alle installerede kapacitet på op til 17.280 GPD i kontinuerlig drift.

Eksempel J - 2.880 gallons per dag (GPD)

Vand sterilisering ved 12 GPM - Vand levering sats 720 gallons i timen. Solar Power Supply Run Time: 4 timer om dagen. Samlet daglige produktion i Drikkevands Produktion: 2.880 gallons per dag.

Typisk brug: Hytter, lystbådehavne, off-grid huse, Remote Sites, Bolig, Erhverv, Fødevare-behandling, brygning, Klinikker, andre fjerntliggende steder.

Stykliste:

UV Water Sterilizer System:

Et (1) SYS-MD1004 Wyckomar Water UV Sterilizer System normeret til 12 GPM. Indeholder: 2-trins vand filtreringer (5 Micron) sediment og Kulfiltre.

High-Intensity UV Lampe, med Quartz Sleeve, og UV Monitor Alarm. Filterhuse, overtryksventiler, med høj effektivitet Electronic Ballast. Alle formonteret, Pre-testet, og monteret på en rustfri Stålmonteringsplade til installation lethed.

Solar PV Array:

En (1) Solar PV panel normeret til 250 watt ved 24 VDC. Eksempel: REC Solar PV Panel 250PE, Størrelse: 65.5" x 39" x 1.5" En (1) Bedst af-Stagemontering hardware til to 250 watt paneler. Monteres på 2,5" Schedule # 40 rør, augured ned i jorden med cement fundament.

Batteri / Charge-Controller / Inverter:

Et (1) SunSaver SS-15MPPT, Charge-controller normeret til 24 VDC batteriopladning op til 15 ampere. To (2) Forseglet, vedligeholdelsesfrit batteri MK 8G24DT normeret til 12 VDC @ 73 Amp-timer hver. En (1) Bryst Style Ground Mounted Battery Box (kan placeres op til 50 meter væk fra PV). En (1) ExcelTech XP/24 125 watt Single-Phase AC inverter til 24 VDC.

Bemærk : To 12 VDC batterier er forbundet i serie til en 24 VDC-system. Dette solcelleanlæg system er designet til at give fire timers køretid hver dag for UV Vand sterilisator System producerer cirka 2.880 gallons per dag drikkevand produktion.

Eksempel K - 5.760 gallons per dag (GPD)

Vand sterilisering ved 12 GPM - Vand levering sats 720 gallons i timen. Solar Power Supply Run Time: 8 timer om dagen. Samlet daglige produktion i Drikkevands Produktion: 5.760 gallons per dag.

Typisk Anvendelse: Cabins, Marinas, Off-Grid Houses, Remote Sites, Bolig, Erhverv, Fødevare-behandling, brygning, Klinikker, gårde

Stykliste:

UV Water Sterilizer System:

Et (1) SYS-MD1004 Wyckomar Water UV Sterilizer System normeret til 12 GPM. Indeholder: 2-trins vand filtreringer (5 Micron) sediment og Kulfiltre. High-Intensity UV Lampe, med Quartz Sleeve, og UV Monitor Alarm. Filterhuse, overtryksventiler, med høj effektivitet Electronic Ballast. Alle formonteret, Pre-testet, og monteret på en rustfri stål monteringsplade.

Solar PV Array:

To (2) Solar PV panel normeret til 250 watt ved 24 VDC hver, 500 Watt total array. Eksempel: REC Solar PV 250PE, Størrelse hver: 65,5" x 39" x 1.5" Et (1) Top-of-Stagemontering hardware til to 250 watt paneler. Monteres på 3,5" Schedule # 40 rør, augured ned i jorden med cement fundament.

Batteri / Charge-Controller / Inverter:

Et (1) MorningStart TX-MPPT-45, Charge-controller normeret til 24 VDC batteriopladning. To (2) Forseglet, vedligeholdelsesfrit batteri MK 8G24DT normeret til 12 VDC @ 73 Amp-timer hver. En (1) Bryst Style Ground Mounted Battery Box (kan placeres op til 50 meter væk fra PV). En (1) ExcelTech XP/24 125 watt Single-Phase AC inverter for 24 VDC input spænding.

Bemærk : To 12 VDC batterier er forbundet i serie til en 24 VDC-system. Solar PV paneler parallelt kablede. Dette solcelleanlæg system er designet til at give Otte timers køretid hver dag for UV Vand sterilisator System producerer cirka 5.760 gallons per dag drikkevand produktion.

Eksempel L - 8.640 Gallons Per Day (GPD)

Vand sterilisering ved 12 GPM - Vand levering sats 720 gallons i timen. Solar Power Supply Run Time: 12 timer om dagen. Samlet daglige produktion i Drikkevands Produktion: 8.640 gallons per dag.

Typisk Anvendelse: Cabins, Marinas, Off-Grid Houses, Remote Sites, Bolig, Erhverv, Fødevare-behandling, brygning, Klinikker,

Stykliste:

UV Water Sterilizer System:

Et (1) SYS-MD1004 Wyckomar Water UV Sterilizer System normeret til 12 GPM. Indeholder: 2-trins vand filtreringer (5 Micron) sediment og Kulfiltre. High-Intensity UV Lampe, med Quartz Sleeve, og UV Monitor Alarm, filterhuse, overtryksventiler, med høj effektivitet Electronic Ballast. Alle formonteret, Pre-testet, og monteret på en rustfri stål monteringsplade.

Solar PV Array:

Fire (4) Solar PV panel normeret til 250 watt ved 24 VDC hver 1.000 Watt total array. Eksempel: REC Solar PV 250PE, Størrelse hver: 65,5" x 39" x 1.5" Et (1) Top-of-Stagemontering hardware til fire 250 watt paneler. Monteres på 3,5" Schedule # 40 rør, augured ned i jorden med cement fundament.

Batteri / Charge-Controller / Inverter:

Et (1) MorningStar TS-MPPT-45, Charge-controller normeret til 24 VDC batteriopladning. To (2) Forseglet, vedligeholdelsesfrit batteri MK 8G27 normeret til 12 VDC @ 86 Amp-timer hver. En (1) Bryst Style Ground Mounted Battery Box (kan placeres op til 50 meter væk fra PV). En (1) ExcelTech XP/24 125 watt Single-Phase AC inverter for 24 VDC input DC spænding.

Bemærk: To 12 VDC batterier er forbundet i serie til en 24 VDC-system. Dette solcelleanlæg system er designet til at levere 12 timers køretid hver dag for UV Vand sterilisator System producerer cirka 8.640 gallons per dag drikkevand produktion.

Eksempel M - 17.280 gallons per dag (GPD)

Vand sterilisering ved 12 GPM - Vand levering sats 720 gallons i timen. Solar Power Supply Run Time: 24 timer om dagen. Samlet daglige produktion i Drikkevands Produktion: 17.280 gallons per dag.

Typisk Anvendelse: Hytter, marinaer, off-Grid Houses, fjerntliggende steder, Bolig, Erhverv, fødevare-, bryggeri, klinikker, hospitaler

Stykliste:

UV Water Sterilizer System:

Et (1) SYS-MD-1004 Wyckomar Water UV Sterilizer System normeret til 12 GPM. Indeholder: 2-trins vand filtreringer (5 Micron) sediment og kulfiltre, High-Intensity UV-lampe, med Quartz Sleeve, og UV Monitor Alarm, filterhuse, overtryksventiler, med høj effektivitet Electronic Ballast. Alle formonteret, Pre-testet, og monteret på en rustfri Stålmonteringsplade

Solar PV Array:

Otte (8) Solar PV panel normeret til 250 watt ved 24 VDC hver, 2.000 Watt total array. Eksempel: REC Solar PV 250PE, Størrelse hver: 65,5" x 39" x 1.5" Et (1) Top-of-Stagemontering hardware til otte (8) 250 watt paneler. Monteres på 6" Schedule # 40 rør, augured ned i jorden med cement fundament.

Batteri / Charge-Controller / Inverter:

Et (1) MorningStar TS-MPPT-60, Charge-controller normeret til 24 VDC batteriopladning. Fire (4) Forseglet, vedligeholdelsesfrit batteri MK 8G27 normeret til 12 VDC @ 86 Amp-timer hver. En (1) Bryst Style Ground Mounted Battery Box (kan placeres op til 50 meter væk fra PV). En (1) ExcelTech XP/24 125 watt Single-Phase AC inverter for 24 VDC input.

Bemærk : Fire (4) 12 VDC-batterier er koblet 2 i Parallel, og disse delstrenge forbundet i serie til en 24 VDC-system. Dette solcelleanlæg system er designet til at levere 24 timers køretid hver dag for UV Vand sterilisator System producerer cirka 17.280 gallons per dag drikkevand produktion.

Kapitel Seven - UV Vand sterilisering Systemer til 30 GPM for 7.200 til 43.200 gallon per dag

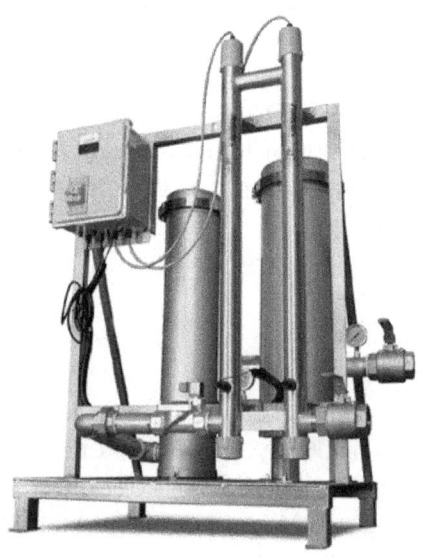

Stor UV Vandbehandling systemer har en stor appetit for kilde vand og strøm. SYS-MD-1006 normeret til 30 GPM.

Dimensioneret til 1.5" indsugningsrør denne kommercielle enhed kan behandle op til 43.200 gallons per dag. MD-1006 er et stort kommercielt UV vandbehandling system. Vandindtag røret er 1,5" i diameter.

Eksempel N - 7.200 gallon per dag

Vand sterilisering ved 30 GPM - Vand levering sats 1.800 gallons i timen. Solar Power Supply Run Time: 4 timer om dagen. Samlet daglige produktion i Drikkevands Produktion: 7.200 gallons per dag.

Typisk Anvendelse: Hytter, lystbådehavne, off-grid huse, fjerntliggende steder, Bolig, Erhverv, fødevare-, bryggeri, klinikker, hospitaler, små landsbyer

Stykliste:

UV Water Sterilizer System:

Et (1) SYS-MD-1006 Wyckomar Water UV Sterilizer System normeret til 30 GPM. Indeholder: 2-trins vand filtreringer (5 Micron) sediment og kulfiltre, High-Intensity UV-lampe, med Quartz Sleeve, og UV Monitor Alarm, filterhuse, overtryksventiler, med høj effektivitet Electronic Ballast. Alle formonteret, Pre-testet, og monteret på en rustfri stål monteringsplade.

Solar PV Array:

To (2) Solar PV panel normeret til 250 watt ved 24 VDC hver, 500 Watt total array. Eksempel: REC Solar PV 250PE, Størrelse hver: 65,5" x 39" x 1.5" Et (1)

Top-of-Stagemontering hardware til to 250 watt paneler. Monteres på 2,5" Schedule # 40 rør, augured ned i jorden med cement fundament.

Batteri / Charge-Controller / Inverter:

Et (1) MorningStar TS-MPPT-45, Charge-controller normeret til 24 VDC batteriopladning. To (2) Forseglet, vedligeholdelsesfrit batteri MK 8G34 normeret til 12 VDC @ 60 Amp-timer hver. En (1) Bryst Style Ground Mounted Battery Box (kan placeres op til 50 meter væk fra PV). En (1) ExcelTech XP/24 125 watt Single-Phase AC inverter til 24 VDC.

Bemærk: To 12 VDC batterier er forbundet i serie til en 24 VDC-system. Dette solcelleanlæg system er designet til at give fire timers køretid hver dag for UV Vand sterilisator System producerer cirka 7.200 gallons per dag drikkevand produktion.

Eksempel O - 14.400 gallons per dag

Vand sterilisering ved 30 GPM - Vand levering sats 1.800 gallons i timen. Solar Power Supply Run Time: 8 timer om dagen. Samlet daglige produktion i Drikkevands Produktion: 3.600 gallons per dag.

Typisk brug: Hytter, lystbådehavne, off-grid huse, Remote Sites, Bolig, Erhverv, Fødevare-behandling, brygning, klinikker, hospitaler, Food-processorer, vingårde, bryggerier, restauranter.

Stykliste:

UV Water Sterilizer System:

Et (1) SYS-MD-1006 Wyckomar Water UV Sterilizer System normeret til 30 GPM. Indeholder: 2-trins vand filtreringer (5 Micron) sediment og Kulfiltre. High-Intensity UV Lampe, med Quartz Sleeve, og UV Monitor Alarm. Filterhuse, overtryksventiler, med høj effektivitet Electronic Ballast. Alle formonteret, Pre-testet, og monteret på en rustfri stål monteringsplade.

Solar PV Array:

Fire (4) Solar PV panel normeret til 250 watt ved 24 VDC hver 1.000 Watt total array. Eksempel PV-panel: REC Solar PV 250PE, Størrelse hver: 65,5" x 39" x 1.5" Et (1) Top-of-Stagemontering hardware til fire (4) 250 watt paneler. Monteres på 3,5" Schedule # 40 rør, augured ned i jorden med cement fundament.

Batteri / Charge-Controller / Inverter:

Et (1) MorningStar TS-MPPT-60, Charge-controller normeret til 24 VDC batteriopladning op til 10 ampere. To (2) Forseglet, vedligeholdelsesfrit batteri MK 8G30H normeret til 12 VDC @ 97 Amp-timer hver. En (1) Bryst Style Ground Mounted Battery Box (kan placeres op til 50 meter væk fra PV). En (1)

ExcelTech XP/24 125 watt Single-Phase AC inverter for 24 VDC input spænding.

Bemærk : To 12 VDC batterier er forbundet i serie til en 24 VDC-system. Dette solcelleanlæg system er designet til at give Otte timers køretid hver dag for UV Vand sterilisator System producerer cirka 17.280 gallons per dag drikkevand produktion.

Eksempel P - 21.600 gallons per dag

Vand sterilisering ved 30 GPM - Vand levering sats 1.800 gallons i timen. Solar Power Supply Run Time: 12 timer om dagen. Samlet daglige produktion i Drikkevands Produktion: 21.600 gallons per dag.

Typisk brug: Hytter, lystbådehavne, Off-Grid Houses, Remote Sites, Bolig, Erhverv, fødevare-, bryggeri, klinikker, hospitaler, små landsbyer.

Stykliste:

UV Water Sterilizer System:

Et (1) SYS-MD-1006 Wyckomar Water UV Sterilizer System normeret til 30 GPM. Indeholder: 2-trins vand filtreringer (5 Micron) sediment og kulfiltre, High-Intensity UV-lampe, med Quartz Sleeve, og UV Monitor Alarm, filterhuse, overtryksventiler, med høj effektivitet Electronic Ballast. Alle formonteret, Pre-

testet, og monteret på en rustfri
Stålmonteringsplade til ét stykke installation.

Solar PV Array:

Seks (6) Solar PV panel normeret til 250 watt ved 24
VDC hver, 1, 500 Watt total array. Eksempel PV-
panel: REC Solar PV 250PE, Størrelse hver: 65,5" x 39"
x 1.5" Et (1) Top-of-Stagemontering hardware til
seks (6) 250 watt paneler. Monteres på 6" Schedule
40 rør, augured ned i jorden med cement
fundament

Batteri / Charge-Controller / Inverter:

Et (1) MorningStar XS-MPPT-45, Charge-controller
normeret til 24 VDC batteriopladning. To (2)
Forseglet, vedligeholdelsesfrit batteri MK 8G30H
normeret til 12 VDC @ 97 Amp-timer hver. En (1)
Bryst Style Ground Mounted Battery Box (kan
placeres op til 50 meter væk fra PV). En (1)
ExcelTech XP/24 125 watt Single-Phase AC inverter
til 24 VDC.

Bemærk: To 12 VDC batterier er forbundet i serie til
en 24 VDC-system. Dette solcelleanlæg system er
designet til at levere 12 timers køretid hver dag for
UV Vand sterilisator System producerer cirka 21.600
gallons per dag drikkevand produktion.

Eksempel Q - 43.200 gallons per dag

Vand sterilisering ved 30 GPM - Vand levering sats 1.800 gallons i timen. Solar Power Supply Run Time: 24 timer per dag - kontinuerlig drift. Samlet daglige produktion i Drikkevands Produktion: 43.200 gallons per dag.

Typisk Anvendelse: Hytter, lystbådehavne, off-grid huse, fjerntliggende steder, Bolig, Erhverv, fødevare-, bryggeri, Klinikker, små landsbyer

Stykliste:

UV Water Sterilizer System:

Et (1) SYS-MD-1006 Wyckomar Water UV Sterilizer System normeret til 30 GPM. Indeholder: 2-trins vand filtreringer (5 Micron) sediment og Kulfiltre. High-Intensity UV Lampe, med Quartz Sleeve, og UV Monitor Alarm. Filterhuse, overtryksventiler, med høj effektivitet Electronic Ballast. Alle formonteret, Pre-testet, og monteret på en rustfri Stålmonteringsplade til nem installation.

Solar PV Array:

Otte (8) Solar PV panel normeret til 250 watt ved 24 VDC hver, 2.000 Watt total array. Eksempel PV-panel: REC Solar PV 250PE, Størrelse hver: 65,5" x 39" x 1.5" Et (1) Top-of-Stagemontering hardware til otte (8)

250 watt paneler Kan monteres på 6" Schedule # 40 rør, augured ind jorden med cement fundament.

Batteri / Charge-Controller / Inverter:

Et (1) MorningStar TS-MPPT-60, Charge-controller normeret til 24 VDC batteriopladning. Fire (4) Forseglet, vedligeholdelsesfrit batteri MK 8G30H normeret til 12 VDC @ 97 Amp-timer hver. En (1) Bryst Style Ground Mounted Battery Box (kan placeres op til 50 meter væk fra PV). En (1) ExcelTech XP/24 125 watt Single-Phase AC inverter til 24 VDC

Bemærk : Fire 12 VDC batterier tilsluttes som 2 batteri delstrenge Sideløbende disse delstrenge i serie til en 24 VDC-system. Dette solcelleanlæg system er designet til at levere 24 timers køretid hver dag for UV Vand sterilisator System producerer cirka 43.200 gallons per dag drikkevand produktion.

Kapitel Otte: Quick Guide til UV Vandbehandling System Eksempler af strømningshastighed, og gallon per dag

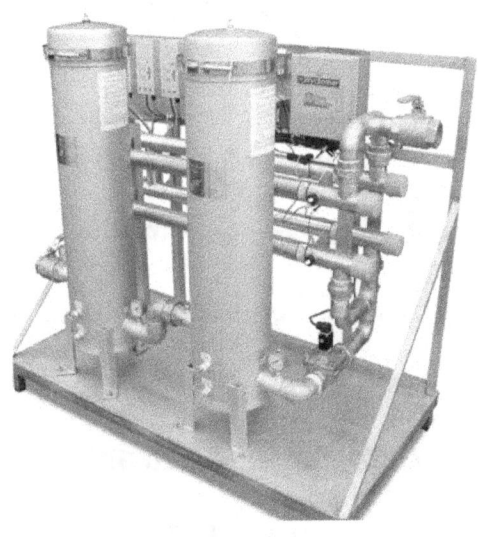

I hvert kapitel ovenfor anført forskellige solcelleanlæg drevet UV Vandbehandling systemer baseret på om du pumpe fra en brønd eller fra en Shallow kilde. Eksempler er defineret ved flowhastigheder, og Daily vand levering i gallons per dag. Gennemse systemerne nedenfor og matche dit projekt specifikationer og behov, til det system, der er anført som kommer tættest på dit vand krav.

Eksempler på Solar PV drevet UV Vandbehandling Systemer af Flow i gallon per minut (GPM), og samlede daglige gallon i gallons per dag (GPD):

System A: 4 GPM, Leverer 240 GPD

System B: 4 GPD, Leverer 480 GPD

System C: 4 GPD, Leverer 960 GPD

System D: 4 GPD, Leverer 1.920 GPD

System E: 4 GPD, Leverer 5.760 GPD

System F: 8 GPD, Leverer 960 GPD

System G: 8. GPD, Leverer 1.920 GPD

System H: 8 GPD, Leverer 3.840 GPD

System I: 8. GPD, Leverer 11.520 GPD

System J: 8 GPD, Leverer 2.880 GPD

System K: 8 GPD, Leverer 5.760 GPD

System L: 12 GPD, Leverer 8.640 GPD

System M: 12 GPD, Leverer 17.280 GPD

System N: 30 GPD, Leverer 7.200 GPD

System O: 30 GPD, Leverer 14.400 GPD

System P: 30 GPD, Leverer 21.600 GPD

System Q: 30 GPD, Leverer 43.200 GPD

Vær sikker på at planlægge din solcelleanlæg drevet UV vandbehandling projekt i form af site-Forberedelse, UV Vandbehandling udstyr, installation, Solar Power Supply, og alle kabler, rør, og jording.

Udvis altid forsigtighed når du installerer elektriske apparater. Solar PV paneler producere respektable spændinger og strømme, og alle sikkerhedsprocedurer skal følges. Vær sikker på at læse din Installationsvejledning forsigtig y, og følg instruktionerne til punkt og prikke.

Korrekt installeret og vedligeholdt, solcelleanlæg drevet UV Vandbehandling systemer tilbyder lang levetid, stor produktivitet, og nem installation og drift.

For mere information om UV vandrensning, solcelleanlæg paneler, batterier, invertere, Charge controllere, eller anden hardware du besøge **Solardyne.com** på Worldwide Web.

Tak for læsning! Nyd din Solar Water Treatment projekt!